"十一五"国家重点图书出版规划项目

数学文化小丛书

李大潜　主编

从欧拉的数学直觉谈起

Cong Euler de Shuxue Zhijue Tanqi

——纪念伟大数学家欧拉诞辰300周年

周明儒

高等教育出版社·北京
HIGHER EDUCATION PRESS　BEIJING

图书在版编目（CIP）数据

数学文化小丛书. 第 2 辑 : 全 10 册 / 李大潜主编. -- 北京 : 高等教育出版社，2013.9（2024.7 重印）

ISBN 978-7-04-033520-0

Ⅰ. ①数… Ⅱ. ①李… Ⅲ. ①数学－普及读物 Ⅳ. ①O1-49

中国版本图书馆 CIP 数据核字（2013）第 226474 号

项目策划　李艳馥　李　蕊

策划编辑	李　蕊	责任编辑	张耀明	封面设计	张　楠
版式设计	张　岚	责任校对	胡晓琪	责任印制	存　怡

出版发行	高等教育出版社	咨询电话	400-810-0598
社　　址	北京市西城区德外大街 4 号	网　　址	http://www.hep.edu.cn
邮政编码	100120		http://www.hep.com.cn
印　　刷	保定市中画美凯印刷有限公司	网上订购	http://www.landraco.com
开　　本	787mm×960mm 1/32		http://www.landraco.com.cn
总 印 张	28.125		
本册印张	2.25	版　　次	2013 年 9 月第 1 版
字　　数	40 千字	印　　次	2024 年 7 月第 11 次印刷
购书热线	010-58581118	总 定 价	80.00 元

本书如有缺页、倒页、脱页等质量问题，请到所购图书销售部门联系调换
版权所有　侵权必究
物　料　号　12-2437-44

数学文化小丛书编委会

顾　　问：谷超豪（复旦大学）
　　　　　项武义（美国加州大学伯克利分校）
　　　　　姜伯驹（北京大学）
　　　　　齐民友（武汉大学）
　　　　　王梓坤（北京师范大学）
主　　编：李大潜（复旦大学）
副 主 编：王培甫（河北师范大学）
　　　　　周明儒（徐州师范大学）
　　　　　李文林（中国科学院数学与系统科
　　　　　　　　学研究院）
编辑工作室成员：赵秀恒（河北经贸大学）
　　　　　　　　王彦英（河北师范大学）
　　　　　　　　张惠英（石家庄市教育科
　　　　　　　　　　　　学研究所）
　　　　　　　　杨桂华（河北经贸大学）
　　　　　　　　周春莲（复旦大学）
本书责任编委：　周春莲

数学文化小丛书总序

整个数学的发展史是和人类物质文明和精神文明的发展史交融在一起的。数学不仅是一种精确的语言和工具、一门博大精深并应用广泛的科学,而且更是一种先进的文化。它在人类文明的进程中一直起着积极的推动作用,是人类文明的一个重要支柱。

要学好数学,不等于拼命做习题、背公式,而是要着重领会数学的思想方法和精神实质,了解数学在人类文明发展中所起的关键作用,自觉地接受数学文化的熏陶。只有这样,才能从根本上体现素质教育的要求,并为全民族思想文化素质的提高夯实基础。

鉴于目前充分认识到这一点的人还不多,更远未引起各方面足够的重视,很有必要在较大的范围内大力进行宣传、引导工作。本丛书正是在这样的背景下,本着弘扬和普及数学文化的宗旨而编辑出版的。

为了使包括中学生在内的广大读者都能有所收益,本丛书将着力精选那些对人类文明的发展起过重要作用、在深化人类对世界的认识或推动人类对世界的改造方面有某种里程碑意义的主题,由学有专长的学者执笔,抓住主要的线索和本质的内容,由浅入深并简明生动地向读者介绍数学文化的丰富内涵、数学文化史诗中一些重要的篇章以及古今中外一些著名数学家的优秀品质及历史功绩等内容。每个专题篇幅不长,并相对独立,以易于阅读、便于携带且尽可能降低书价为原则,有的专题单独成册,有些专题则联合成册。

希望广大读者能通过阅读这套丛书,走近数学、品味数学和理解数学,充分感受数学文化的魅力和作用,进一步打开视野、启迪心智,在今后的学习与工作中取得更出色的成绩。

李大潜

2005 年 12 月

学习 Euler 的著作乃是认识数学的最好途径.
　　　　　　　　　　　　—— 高斯

没有什么比看到发明的源泉更重要的了. 就我看来, 它比发明本身更有趣.
　　　　　　　　　　　　—— 莱布尼茨

没有大胆的猜想, 就做不出伟大的发现.
　　　　　　　　　　　　—— 牛顿

看来, 直觉是头等重要的.
　　　　　　　　　　　　—— 爱因斯坦

逻辑用于论证, 直觉可用于发明.
　　　　　　　　　　　　—— 庞加莱

目　录

一、数学史上最多产的伟大数学家
　　—— 欧拉 2

二、欧拉的数学直觉几例 18
　　1. 对哥德巴赫猜想和费马猜想的判断 18
　　2. 自然对数的底 —— 常数 e 是
　　　 如何发现的 20
　　3. 寻求正整数平方的倒数之和 25
　　4. 关于凸多面体的面、顶、棱公式 29

三、直觉及其在科学发展中的作用 33

四、数学直觉及其培养 42
　　1. 数学直觉的意义 42
　　2. 演绎、类比与归纳 44
　　3. 经验与直觉 49
　　4. 让左右脑协调发展 54

主要参考文献 59

在数学史上, 17 世纪被誉为天才的世纪, 杰出的代表是创立微积分的牛顿和莱布尼茨. 18 世纪被称为英雄的世纪, 欧洲几乎所有的数学家都对微积分表现出极大的兴趣, 对传统的批判, 对新方法的追求, 对新领域的开拓, 使他们共同谱写了一曲数学史上的"英雄交响曲", 而其中最杰出的代表是被称为"分析的化身"、"无与伦比的算法学家"、"应用数学大师"莱昂哈德·欧拉 (Leonhard Euler, 1707—1783). 欧拉把自己的双目献给了数学, 把自己的一生献给了数学, 是有史以来最多产的伟大数学家. 2007 年是欧拉诞辰 300 周年, 在纪念这位伟大数学家的时候, 让我们先回顾他那非同寻常的一生.

图 1 欧拉

一、数学史上最多产的伟大数学家——欧拉

1707年4月15日,欧拉出生在瑞士北部的巴塞尔城.拥有几代著名数学家的伯努利家族就居住在这里,欧拉的父亲保罗·欧拉就是大数学家雅各布·伯努利的高才生.欧拉从小特别喜欢数学,不满10岁就开始自学"代数学",可是不想从事清贫的数学工作的父亲,希望儿子也和自己一样,长大后当一名牧师.13岁时父亲送他进巴塞尔大学学习神学,但他却被约翰·伯努利旁征博引,富有激情的数学讲座迷住了,而欧拉的数学天赋也引起了伯努利的关注.伯努利让欧拉每个星期六下午到他家,单独给他授课.名师的精心指导,使欧拉突飞猛进;而他的勤奋和才华也深深吸引了约翰的儿子丹尼尔·伯努利和尼科拉斯·伯努利,他们从此经常在一起讨论数学问题,并成为终身好友.

欧拉15岁在巴塞尔大学获得学士学位,17岁获硕士学位.但父亲要他放弃数学而专注于神学.欧拉

虽然打心底里不愿做专职神职人员，但又不好公然违抗父亲的意愿，正在左右为难的时候，约翰·伯努利劝他父亲说："亲爱的神甫，您知道我遇到过不少才华横溢的青年人，但是要和您的儿子比起来，他们都相形见绌．如果我的眼光不错，您的儿子无疑将是瑞士未来最了不起的数学家．""为了数学，为了孩子，我请求您重新考虑您的决定．"深孚众望的伯努利教授的话使保罗改变了初衷．

当时欧洲各国的科学院，常常把政府或一些部门提出的研究课题设置奖金公开征求解答，其中有不少与航海有关，因为航运的发展和频繁的海战，使各国政府愈来愈关注海洋的控制权．巴黎科学院1727年的征解问题就是关于海船桅杆的问题．19岁的欧拉决定检验一下自己的能力．他的论文显示了他在数学分析方面的巨大能力，但他并未见过真正的海船，结果，他的论文得到了很高评价，但只是得了一个提名奖．这次牛刀初试，使他在欧洲数学界崭露头角．

在朋友们的怂恿下，欧拉向巴塞尔大学申请教授职位．虽然约翰·伯努利极力推荐，还是因资历尚浅被校方拒绝．

由于在俄国彼得堡大学任数学教授的丹尼尔·伯努利的推荐，1727年5月17日欧拉来到彼得堡，不巧俄国女皇叶卡捷琳娜一世猝然去世，12岁的沙皇彼得二世又大权旁落，经丹尼尔的不懈努力，几经周折沙皇政府才同意欧拉到科学院工作．当时的俄国到处都有告密者，稍不留心就可能惹上麻烦，流放和处决的消息也不时传来，欧拉不敢过正常的社交生活，而完全沉浸在数学之中．1730年，小沙皇夭折，彼得大帝的侄女安娜·伊万诺夫娜成为新的女皇，科学院的情况有所改变．但是在安娜的情夫德·比隆的间接统治下，俄国遭受了历史上一段最血腥的恐怖统治．欧拉只能不声不响地专注于他的研究．

1733年，丹尼尔离开令人生畏的俄国回到瑞士，26岁的欧拉成为数学教授和圣彼得堡科学院数学部领导人．他决定在彼得堡定居，和画师格塞尔的女儿凯塞琳娜结婚．婚后夫妻生活恩爱美满，但政治形势日益恶劣，欧拉渴望回瑞士工作，无奈小生命一个接一个的出世，使他离开俄国的希望化为泡影，只有在不停的工作中寻求慰藉．

在彼得堡的14年中，欧拉在分析学、数论和力学等方面作了大量出色的工作，他运用微积分使力学摆脱了传统的几何论证方法的束缚而成为分析的科学，开创了力学的新纪元．他还应俄国政府的要求，解决了不少诸如地图学、造船业中的实际问题；为俄国学校编写初等数学教科书；监督政府的地质部门；帮助改革度量衡；设计检验税率的有效方法．欧拉的卓越工作大大促进了俄国数学的发展．

1735年，28岁的欧拉因劳累过度右眼失明了．当年，巴黎科学院就彗星轨道计算问题设立了巨额奖金，征求解答．因为彗星轨道的计算涉及多个星体间的关系，历来是一大难题，尽管欧拉对通常的方法作了重大改进，计算仍然十分困难．而欧拉一旦开始工作，要他中途停下来是不可能的，3天之后，彗星的运行轨道计算出来了,但疲惫不堪的欧拉却突然眼前一片漆黑栽倒在地.他在床上躺了一个星期,右眼再也看不见了,但他说:"现在我将更少分心了".

1740年,普鲁士国王腓特烈大帝登基,自称是"欧洲最伟大的国王",期望普鲁士在各方面都雄踞欧洲之首.当时的柏林科学院由于缺乏称职的领导人而死气沉沉,彼得堡科学院却在欧拉的领导下人才辈出,成果累累,呈现出勃勃生机与活力.当腓特烈听到欧拉在俄国非常苦闷的消息后,大喜过望,立刻邀请他来柏林科学院主持工作.

欧拉高兴地接受了腓特烈大帝的邀请,1741年成为柏林科学院院士,物理数学所所长.1759年成为柏林科学院领导人.

1744年,欧拉的杰作《寻求具有某种极大或极小性质的曲线的技巧》一书在柏林出版,开创了一个新的数学分支——变分法.大家都见过儿童喜爱玩的滑梯,试问当起点和终点固定时,滑梯做成什么形状才能使人滑行时间最少呢?做成直的,虽然距离最短,但速度却增加得较慢;那么什么形状最好呢?早在欧拉出生11年前,约翰·伯努利就在1696年6月号的《教师学报》上,提出这个所谓"最速降线问题"向其他数学家挑战.虽然牛顿、莱布尼茨、雅各布·伯努利以及约翰·伯努利本人先后公布了这个问题的解答,但都没有进一步深入下去.在约翰·伯努利的建议下,欧拉于1728年开始涉足这一领域.他从研究曲面(主要是地球)上的测地线问题,也就是求曲面上两点之间的最短路径问题着手,很快找到了答案. 此后, 他进一步把最速降线问题加以推广, 并考虑了摩擦力和空气阻力, 寻找这类问题更简便的解法, 经过 16 年的不懈努力, 终于获得了成功. 虽然他所采用的不是用纯分析的方法, 而是分析和几何相结合的方法, 论证过程十分复杂, 但是最后的结果却同样简洁优美.

牛顿 (Newton, 1643 — 1727) 和莱布尼茨 (Leibniz, 1646 — 1716) 创造了微积分的基本方法, 可是从它的逻辑基础到实际应用还有大量的问题有待解决, 而为了让更多的人掌握这一工具, 需要排除从研究常量的初等数学过渡到研究变量的微积分的重重障碍. 为此, 欧拉在 20 多年间出版了微积分史上三部里程碑式的经典著作: 1748 年的《无穷小分析引论》, 1755 年的《微分学》, 以及 1768 — 1770 年间在彼得堡出版的《积分学》(共 3 卷). 这些著作包含了欧拉本人在分析领域的大量创造, 同时引进了一批标准的数学符号, 对分析表述的规范化起了重要作用, 在柯西的《分析教程》1821 年出版之前一直被当作分析课本的典范而普遍使用. 拉格朗日 (Lagrange, 1736 — 1813)、拉普拉斯 (Laplace, 1749 — 1827)、高斯 (Gauss, 1777 — 1855)、柯西 (Cauchy, 1789 — 1857)、黎曼 (Riemann, 1826 — 1866) 等大数学家都从欧拉的著作中得益, 欧拉被人们誉为"分析的化身". 约翰·伯努利在给欧拉的一封信中这样赞许自己的学生在分析方面的青出于蓝: "我介绍高等分析时, 它还是个孩子, 而您正在将它带大成人."

欧拉关于数论的大部分工作也是在柏林完成的.

数学家费马 (Fermat, 1601 — 1665) 提出的大量重要而有趣的命题, 大部分被欧拉证实, "费马素数" 被他否定. 不少命题他还进一步加以引申和推广, 特别是在 1743 年, 他发现了 18 世纪数论中最重要的定理 —— 二次互反律. 后来的数学家们为探求它的含义引申出大量富有价值的成果.

在柏林的 25 年中, 欧拉的研究内容涉及行星运动、刚体运动、热力学、弹道学、人口学等诸多方面, 这些工作和他的数学研究相互推动, 特别是在微分方程、曲面微分几何以及其他数学领域, 他的研究都是开创性的. 由于他的卓越领导, 濒临绝境的柏林科学院获得新生, 成为欧洲最有影响的科学院之一. 他还为普鲁士政府解决了诸如铸币、城市水道、运河、保险金和养老金制度等一系列重大的实际问题.

腓特烈邀请欧拉除了要他为柏林科学院支撑门面外, 还要他给其侄女迪莎公主当私人教师. 欧拉不得不每天挤出两三个小时的宝贵时间为这位骄傲的公主授课. 为了让大家共同受益, 欧拉把他讲授的有关数学、力学、物理学、光学、天文学、声学、哲学及宗教等丰富多彩的内容用信的形式公开发表. 他那优美流畅的文笔使人们吃惊地发现, 欧拉的文学才能被大大地低估了. 著名的《致德国公主的信》先后用七种文字翻译出版, 成为风靡一时的畅销书.

令欧拉始料不及的是, 在柏林的生活甚至比在彼得堡时还要难受. 喜欢别人阿谀奉承的腓特烈看不上老实巴交 "直愣愣" 的欧拉, 甚至公然奚落欧拉是"独眼龙".另外,腓特烈欣赏能言善辩的人,欧拉使他渐渐失望. 1764 年,他决定邀请法国数学家达朗贝尔 (d'Alembert, 1717 — 1783) 来顶替他.达朗贝尔虽然和欧拉在学术上有过争论,但他耿直地告诉腓特烈:把任何其他人置于欧拉之上都是一种不当的行为.达朗贝尔的婉言谢绝使腓特烈更加固执,屈辱的氛围使欧拉难以忍受,他感到孩子们在普鲁士也不会有什么出路.

而俄国从来没有放弃过欧拉,即使在柏林科学院任职期间,彼得堡科学院也照常支付他部分薪金.同样,欧拉虽然身在柏林,仍为彼得堡科学院寄去了上百篇论文,还不时对那里的事务提供咨询意见. 1760 年俄国人进犯勃兰登堡边境期间,欧拉在夏洛滕堡的一个农场遭到抢劫,俄国将军声称他"不是对科学宣战",给予了欧拉大大多于实际损失的赔偿.当伊丽莎白女皇听说后,除了对欧拉的损失给予丰厚的赔偿外,还加了一笔可观的款项.

1762 年叶卡捷琳娜二世即位,俄国科学家的工作条件有了相当大的改善,她热情邀请欧拉重返彼得堡工作.虽然欧拉知道自己仅剩的左眼经不起彼得堡严寒的侵袭,但柏林的气氛已经使他无法忍受, 1766 年 5 月, 59 岁的欧拉携多病的凯塞琳娜和一大群子女,又一次长途跋涉来到彼得堡,受到了异常隆重的欢迎.叶卡捷琳娜二世用王室成员的规格礼待这位大数学家,专门为欧拉准备了一幢雅致而舒适的住宅,全新的家具,配备了八名仆役,还委派一名御用厨师来管理膳食.

欧拉迫不及待地投入了工作.可是,刺骨的严寒和紧张劳累的工作使他患有白内障的左眼视力迅速恶化.拉格朗日、达朗贝尔等著名学者纷纷写信慰问欧拉,希望他注意休息.可是工作就是他的生命,如果停止计算,活着还有什么意义?他用加倍的努力,来回答命运对他的挑战.在他意识到自己的左眼也难保时,就开始练习闭上眼睛进行书写.为了恢复左眼的视力,1771年欧拉作了一次白内障手术,也许是由于医生的粗心大意,术后出现感染,欧拉完全失明了.开始他仍能自己工作,但几个月后欧拉的字迹变得难以辨认,他的儿子阿尔贝担当起誊写员的角色.在生命的最后10多年里,他以惊人的毅力与黑暗作斗争,凭着超常的记忆力和非凡的心算能力,继续他的研究,通过口述让大儿子和大女儿记下了400多篇数学论文,这些高质量的论文赢得的各类奖金几乎成了他的固定收入.法国物理学家阿拉哥(Arago)曾经赞叹道:"他作计算毫不费力,就像人呼吸或像雄鹰临风展翅翱翔一样."

双目失明的他,令人难以置信地完成了曾使牛顿头痛的《月球运动理论》.在18世纪要确定船只在海上的位置是一件极其困难的事.确定纬度只要通过对恒星的观察就可以解决,难的是经度的确定需要精确地知道月球相对于一个标准位置(17世纪后半期已经确定为英国的格林威治)的方位,假如方位角相差一分,那么在经度上就会相差半度.可是,计算月球的方位牵涉太阳、地球和月球三者之间的关系,这种"三体问题"是数理天文学中最困难的问题之一. 牛顿在《自然哲学的数学原理》第 3 卷中用几何的方法研究过月球的运动, 但用由此得到的月球位置表确定航船位置的误差高达 160 公里, 几乎是船只整整一天的航程, 当然满足不了战争和航运的需要. 英国为此专门成立了"经度测定委员会", 并且设置了高达 20000 英镑的奖金来征求解答. 双目失明的欧拉用他的方法对月球的位置作了精细的心算, 竟把误差缩小到了只有 30 公里. 为此, 英国海军部向他颁发了巨额奖金.

但是, 双目失明仅仅是灾难的开始, 不幸接二连三地向欧拉袭来. 1771 年的夏天, 彼得堡严重干旱, 50 多天没有下过一滴雨, 一天傍晚, 一间民房不慎失火, 整个街区立刻像一堆干柴猛烈燃烧起来. 等到斜倚在沙发上为一篇力学论文打腹稿的欧拉听到外面的喊叫声和闻到扑鼻糊味时, 整个住宅已经被火舌吞没. 欧拉急忙站起来, 摸索着向摆放自己手稿的书桌走去, 不料在慌忙中被椅子绊倒. 跟随欧拉多年的瑞士仆人彼得·克莱姆冲进来背起他就向外跑, 但是欧拉却紧紧抓住门框不肯放手, 坚持要他用台布把一堆尚未付印的手稿包好带上. 当彼得背着老主人和一大包手稿走出屋时, 图书馆轰然倒塌, 欧拉的住宅、家产和大量文稿付之一炬. 虽然叶卡捷琳娜女皇补偿了欧拉的经济损失, 但无法弥补的损失太多了.

1776 年, 69 岁的欧拉又痛失了朝夕相处 40 多年患难与共的伴侣凯塞琳娜. 无论是在彼得堡血腥恐怖的日子里, 还是在柏林的屈辱环境中, 无论是在双目失明的困难岁月，还是在大火焚烧的不幸时刻，凯塞琳娜总是和欧拉一起分担着痛苦和忧伤；他们有过 13 个孩子，其中 8 个夭亡，他们共同分担了巨大的痛苦；几十年来她默默地照料着偌大的家庭，使欧拉得以安心研究．凯塞琳娜的去世对欧拉的打击太大了，在随后一年多的时间里，欧拉一直沉浸在痛苦之中．由于自己行动不便，亟须一位能干的主妇来照料这个大家庭，在朋友的撮合下，欧拉和凯塞琳娜同父异母的妹妹格塞尔结婚．

1783 年 9 月 18 日傍晚，欧拉请朋友吃晚饭，当时天王星刚刚被发现，吃饭时欧拉向朋友介绍了对天王星轨道的计算，然后喝茶，在逗孙子玩的时候，欧拉突然中风，烟斗从他的手上掉了下来，他喃喃自语道："我要死了"．他停止了计算，也停止了生命．

欧拉在圣彼得堡科学院一共工作了 32 年，俄国人民深深爱戴欧拉，以至于俄国数学史学家总是将欧拉当作是俄国数学家．

在众多数学家中，没有一个人像欧拉那样多产，像他那样巧妙地把握数学，他在当时数学的所有分支中都有开创性的贡献，在微积分、微分方程、函数理论、变分法、无穷级数、坐标几何、微分几何以及数论等领域都留下了大量的永恒的成就．

除了前面提到的数学分析、变分法外，他还是复变函数论的先驱者．在他的工作中大量地使用了当时尚未被数学家们普遍接受的复数和复变量，并由此发现了复函数的一些重要性质．他在其微积分著作中引进了虚数符号 i．1751 年，他在著名的欧拉

公式 $e^{i\varphi} = \cos\varphi + i\sin\varphi$ 的基础上, 给出了复数的对数公式:

$$\ln(x+iy) = \ln\rho e^{i\varphi} = \ln\rho + i(\varphi \pm 2n\pi), n = 1, 2, \cdots.$$

他利用复函数来计算实积分, 并得到了现在所称的柯西—黎曼方程.

欧拉于 1770 年出版的《代数学完整引论》, 先后用俄文、德文和法文出版, 是欧洲几代人的教科书. 欧拉在概率论、微分几何、代数拓扑学等方面也有重大的贡献, 而在初等数学的算术、代数、几何、三角学上的创见与成就更是不胜枚举.

欧拉的名字几乎出现在数学的各个分支, 如最常见的数学常数 e; 联系三角函数和指数函数的欧拉公式; 关于简单凸多面体面、顶、棱的欧拉公式; 数论中的欧拉函数 $\varphi(n)$ 和欧拉定理; 微积分中的欧拉变换; 概率论中的欧拉积分; 微分方程、变分法中的欧拉方程, 等等. 在其他学科中也有很多以他名字命名的术语, 如刚体旋转运动的欧拉方程; 理想流体流动的欧拉方程; 欧拉力; 欧拉角; 欧拉坐标; 欧拉相关等等.

欧拉创造了许多数学符号, 例如 $f(x)$ (1734 年), π (1736 年), i (1777 年), e (1748 年), sin 和 cos (1748 年), tg (1753 年), Δx (1755 年), Σ (1755 年), 以及用 a、b、c 表示三角形的边; 用 A、B、C 表示它们的对角等等.

他还有关于天文学、物理学、建筑学、弹道学, 以及哲学、音乐和神学的大量著作, 在科学史上是最多产的一位伟大数学家. 他计算了行星轨道中天体的摄动影响以及阻尼介质中的弹道; 研究潮汐理论和船舶航行与设计, 写了名著《航海科学》(1749)、《船舶制造和结构全论》(1773); 他研究了梁的弯曲, 计算了柱的安全载荷; 研究了声的传播, 音乐的和谐与不和谐; 他的三卷光学仪器方面的著作对望远镜和显微镜的设计作出了贡献; 他最先解析地处理光的振动, 推演了运动方程; 得到了光的反射和色散方面的许多结果; 他是18世纪唯一的赞成光的波动说反对微粒说的物理学家; 他还将理想流体运动方程应用于人体血液的流动; 在热学方面, 他把热看做分子振动, 写了获奖著作《论火》(1738). 他对化学、地质学、制图学也有兴趣, 他还画了一张俄国地图. 欧拉的文学修养深厚, 文笔优美生动, 被人们誉为"**数学界的莎士比亚**".

据统计, 欧拉留下的书籍和论文共有886件, 其中分析、代数、数论占40%, 几何占18%, 物理和力学占28%, 天文学占11%, 弹道学、航海学、建筑学等占3%. 彼得堡科学院为了整理他的著作, 竟忙碌了47年; 瑞士自然科学协会将他身前得以保存下来的论著于1911年开始出版《欧拉全集》, 现已出版70多卷, 计划出齐84卷.

欧拉为科学增添了无限的光彩, "数学王子"高斯曾经高度评价欧拉的成就说: "**对欧拉工作的研究, 是科学中不同领域的最好学校, 没有任何别的可以代替**", "**学习欧拉的著作乃是认识数学的最好途径**". 法国数学大师拉普拉斯也满怀敬意地说: **读读欧拉,**

读读欧拉,他是我们大家的老师." 欧拉虽然没有直接给学生讲课,可他的书产生了深远的影响,在他晚年,欧洲几乎所有的数学家都把他尊称为老师.

欧拉的超人之处是善于从平凡的问题中发现不平凡的数学内涵. 著名的哥尼斯堡七桥问题就是突出的一例. 哥尼斯堡城位于俄国西部普雷格尔河畔,河中有一小岛与陆地以七座桥相连 (图 2). 当时该城居民热衷于一个难题:行人能否每座桥只经过一次而走遍这七座桥? 很多人的尝试都失败了,但说不清楚原因何在. 一位小学教师写信向欧拉求教,欧

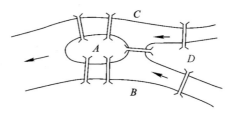

图 2

拉看出它既不是一个代数问题,也不同于平面几何问题,在这个问题中,小岛和陆地的形状与大小,桥的准确位置和长度都是无关紧要的,关键在于它们之间的相互关系和联结情况. 他用点 A 表示小岛,点 B、C 分别表示河的两岸,点 D 表示两条支流间的区域,并用两点之间的连线来表示它们之间的桥,由此得到一个由 4 个点 7 条线组成的图形 (图 3). 这样,问题就转化为:能不能把这张图一笔画出且最后回到起点,要求笔不离开纸面且每条线只画一次

不得重复. 欧拉不仅彻底解决了这个问题, 开创了图论的研究, 而且促进了一个全新的数学分支 —— 拓扑学的诞生.

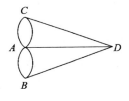

图 3

与有些学者不同, 欧拉大量的科学研究并没有牺牲自己的天伦之乐. 欧拉是一位能在任何地方、任何条件下工作的数学家, 他写数学论文时的那种轻松自如是令人难以置信的. 他非常喜欢孩子, 是位慈祥而称职的父亲. 他常常一边怀抱婴儿一边写他的论文, 大一点的孩子们则在他身边嬉戏. 他亲自布置和检查子女们的作业, 解答他们的问题. 他还编了许多数学趣题启发他们的思考. 例如: "父亲临终时立下遗嘱, 按下述方式分配遗产: 老大分得 100 克朗和剩下的 1/10; 老二分得 200 克朗和剩下的 1/10; 老三分得 300 克朗和剩下的 1/10; 老四分得 400 克朗和剩下的 1/10 …… 以此类推分给其余的孩子. 最后发现所有的孩子分得的遗产相同. 问遗产总数和孩子总数以及每个孩子分到的遗产各是多少?" 一道简单的应用题, 经过欧拉的精心编写, 大大激发起孩子们的学习兴趣. 但是最受孩子们欢迎的还是他那讲不完的故事和诗朗诵, 有空时他能和孩子们在一起唱歌游戏, 消磨一个晚上.

欧拉的卓越贡献和高尚品质为世人敬仰. 拉格朗日学习欧拉的著作开始研究变分法, 19 岁时他把自己关于变分问题的研究寄给欧拉, 欧拉立刻看出了它们的价值, 鼓励这个才气焕发的年轻人继续做下去. 四年后, 拉格朗日写信把解决等周问题的纯解析方法告诉欧拉后, 欧拉于 1759 年 10 月 2 日回信称赞说新方法使他得以克服了困难. 因为在这以前, 欧拉使用的是半解析半几何的方法. 但欧拉一直等到拉格朗日发表其成果之后才发表自己这一寻求已久的解答, 用欧拉自己的话说: "这样做就不会剥夺你所理应享有的全部光荣." 而且, 欧拉还在论文中强调, 他是怎样被困难挡住了, 在拉格朗日指出克服困难的途径之前, 它们是难以越过的障碍. 这使得拉格朗日的工作引起了欧洲数学界的注意. 在他的举荐下, 1756 年, 20 岁的拉格朗日被任命为普鲁士科学院通讯院士, 不久被选为副院士. 欧拉高尚的品质、博大的胸怀和对年轻人才的举荐成为数学史上隽永的美谈.

人们以各种方式纪念着欧拉, 在流通广泛的 10 瑞士法郎纸币上印有欧拉的肖像 (图 4), 能够享有如此殊荣的数学家另外只有英国的牛顿和德国的高斯.

在纪念这位伟大数学家诞辰 300 周年的时候, 我们首先想到的是他超人的毅力、非凡的才能、杰出的成就和高尚的品质. 同时我们也想到, 欧拉之所以能够取得如此众多的数学成就, 是与他过人的数学直觉分不开的,从中我们应该得到启示. 下面仅举数例.

图 4　印有欧拉肖像的瑞士法郎

二、欧拉的数学直觉几例

1. 对哥德巴赫猜想和费马猜想的判断

只能被数 1 和它本身整除的正整数称为素数, 例如 2, 3, 5, 7, ⋯ 就是素数. 2 是偶素数, 其他的都是奇素数. 大于 1 的不是素数的正整数可以写成若干个素数的和, 例如:

$$4 = 2 + 2;\ 6 = 3 + 3;\ 8 = 3 + 5;$$
$$9 = 3 + 3 + 3;\ 11 = 3 + 3 + 5;$$

等等. 1742 年 6 月 7 日, 哥德巴赫 (Goldbach, 1690 — 1764) 在给欧拉的信中提出了关于正整数和素数之间的两个猜想, 用现在比较确切的表述就是:

(A) 每个不小于 6 的偶数都可以表示成两个奇素数之和;

(B) 每个不小于 9 的奇数都可以表示成三个奇素数之和.

1742 年 6 月 30 日, 欧拉回信说: 我认为这是一个肯定的定理, 尽管我还不能证明出来. 如今有人具体计算到 1 亿, 结论仍成立. 1966 年我国数学家陈景润证明了一个定理, 离完全证明该命题看似只有一步之遥, 但至今尚无人完成证明 (参看参考书 [5], 284 — 286).

1637 年左右, 法国数学家费马在《算术》这本书的页边, 写了下面一段话:

"一个立方数不能分拆为两个立方数, 一个四次方数不能分拆为两个四次方数, 一般说来, 除平方之外, 任何次幂都不能分拆为两个同次幂. 我已找到了一个奇妙的证明, 但书边空白太窄, 写不下."

也就是说, 不定方程

$$x^n + y^n = z^n (n > 2)$$

没有正整数解. 这就是著名的费马大定理.

欧拉认为这是一个正确的命题, 并且在 1753 年 8 月 4 日给哥德巴赫的信中说, 他已证明了 $n = 3$ 时命题成立. 这个命题已于 1994 年被英国数学家怀尔斯 (Wiles, 1953 —   ) 给出了严格的证明 (参看参考书 [5], 244 — 250).

上述两个猜想, 欧拉虽然没有能够证明, 但他断言是正确的, 这无疑坚定了后人攻克它们的信心.

2. 自然对数的底 —— 常数 e 是如何发现的

1) 数 e 溯源于对数计算

大家知道，对数函数是指数函数的反函数，如果 $a^y = x$，则 $y = \log_a x$. 数 a 称为对数的底，$a = 10$ 时通称为常用对数，记为 $\lg x$；$a = e$ 时称为自然对数，记为 $\ln x$. 数 e 在微积分教科书中的定义是

$$e = \lim_{n \to \infty} \left(1 + \frac{1}{n}\right)^n. \tag{1}$$

但是在数学发展史上，对数的出现早于指数函数，而且对数的底一开始并不是 10，更不是 e. 对数的出现直接来自航海的需要，因为航海要作很多乘除计算，当然人们希望用更简单的加减法来代替它们. 早在 1614 年，英国人纳皮尔 (J. Napier, 1550 — 1617) 造出了第一本对数表，远早于牛顿于 1666 — 1691 年间创立的微积分；瑞士人比尔吉 (J. Burgi, 1552 — 1632) 也在 1620 年发表了另一个对数表.

对数 $y = \log_a x$ 的底，起初并不是 10，而是看怎样才能使得计算最为方便. 也就是说，给定 x，如何求 y 最简便？

纳皮尔和比尔吉都是把这个困难的问题反过来做，即由 $x = a^y$ 出发，给出许许多多的 y，先计算 a^y，得到许许多多的 x，只要这些 x 的值两两相差很小，那么当你给出一个 x 时，就可能找到与它所对应的 y，或者是 y 的近似值.

不过计算 a^y 也不容易，除非 y 是整数. 但是当 y 是整数时，相邻的两个整数 y 之间的差 Δy 为 1，

也就是说它们比较分散,那么怎样才能使得相应的 $x = a^y$ 彼此靠得很近呢? 办法是取 a 尽可能地接近 1, 但显然不能等于 1. 所以, 比尔吉取 $a = 1 + 10^{-4}$, 纳皮尔取 $a = 1 - 10^{-4}$.

如果我们取 $a = 1 + 10^{-4}$, 则当 y 有一个增量 $\Delta y = 1$ 时, 相应的 x 的增量为

$$\Delta x = (1 + 10^{-4})^{y+1} - (1 + 10^{-4})^y,$$

因为

$$\frac{\Delta x}{x} = \frac{(1 + 10^{-4})^{y+1} - (1 + 10^{-4})^y}{(1 + 10^{-4})^y} = \frac{1}{10^4} = \frac{\Delta y}{10^4},$$

所以 Δx 相当小, 也就是说 x 彼此靠得很近. 如果把上式改写成

$$\frac{\Delta y}{\Delta x} = \frac{10^4}{x},$$

再令 $z = \dfrac{y}{10^4}$, 就有

$$\frac{\Delta z}{\Delta x} = \frac{1}{x}. \tag{2}$$

如果记 $n = 10^4$, 则 $y = 10^4 z = nz$, $a = 1 + 10^{-4} = 1 + \dfrac{1}{n}$, 从而有

$$x = a^y = \left[\left(1 + \frac{1}{n}\right)^n\right]^z. \tag{3}$$

如果令 $n \to \infty$, 则 (2) 式转化成微分方程

$$\frac{\mathrm{d}z}{\mathrm{d}x} = \frac{1}{x}. \tag{4}$$

方程 (4) 有解

$$x = e^z, \tag{5}$$

将 (3) 式与 (5) 式比较, 即可看出

$$e = \lim_{n \to \infty} \left(1 + \frac{1}{n}\right)^n.$$

这表明由 (1) 式定义的 e 来源于此. 欧拉是否就是由此而想到 e 的呢?

2) 欧拉是如何得到 e 的?

根据二项式定理, 对正整数 n 有

$$\left(1 + \frac{1}{n}\right)^n = 1 + \frac{n}{1} \cdot \frac{1}{n} + \frac{n(n-1)}{2!} \cdot \frac{1}{n^2} + \cdots + \frac{n!}{n!} \cdot \frac{1}{n^n}, \tag{6}$$

欧拉注意到等式右端从第二项起有

$$\frac{n}{n} = 1, \frac{n(n-1)}{n^2} = \frac{n}{n} \cdot \frac{n-1}{n} = 1 \cdot \left(1 - \frac{1}{n}\right),$$

$$\frac{n(n-1)(n-2)}{n^3} = 1 \cdot \left(1 - \frac{1}{n}\right)\left(1 - \frac{2}{n}\right), \cdots$$

如果令 $n \to \infty$, 它们都趋于 1. 因此, 如果对 (6) 式右端的每一项取极限, 则它的前 $n+1$ 项成为

$$1 + \frac{1}{1!} + \frac{1}{2!} + \cdots + \frac{1}{n!}.$$

再令项数 n 趋于无穷, 就有

$$\lim_{n \to \infty} \left(1 + \frac{1}{n}\right)^n = 1 + \frac{1}{1!} + \frac{1}{2!} + \cdots + \frac{1}{n!} + \cdots. \tag{7}$$

欧拉对这一发现似乎情有独钟, 特别用自己姓氏的小写字母 e 来表示这一结果.

他还用类似的方法处理 $\left(1+\dfrac{1}{n}\right)^{nt}$, 得到了

$$e^t = 1 + \frac{t}{1!} + \frac{t^2}{2!} + \cdots + \frac{t^n}{n!} + \cdots. \tag{8}$$

当然, 上述处理在现在看来是不严格的, 也是无法接受的, 但他得到的结果却是正确的. 在欧拉所处的时代, 人们对级数的收敛性问题还不当回事, 真正严肃地注意到这一问题的数学家是高斯和阿贝尔, 那已是 19 世纪初的事了. 欧拉的伟大在于他对数学公式推演的非凡才能和对正确结论的超乎常人的洞察力.

3) 欧拉关于 e 的推导

关于数 e 的推导, 重读欧拉在他 1748 年出版的《无穷小分析引论》一书中的如下论述是颇有启发的:

任取一数 a 为底, 则 $a^0 = 1$. 以 ω 表示一个无穷小, 则 $a^\omega = 1 + \psi, \psi$ 也是一个无穷小, 所以可设 $\psi = k\omega$, 从而

$$\omega = \log_a(1+k\omega), \tag{9}$$

例如当 $a = 10$ 时, $k = 2.30258$ (笔者注: 当 $|\alpha|$ 很小时, $\ln(1+\alpha) \approx \alpha$, 故

$$\omega = \log_a(1+k\omega) = \frac{\ln(1+k\omega)}{\ln a} \approx \frac{k\omega}{\ln a}, k \approx \ln a,$$

而 $\ln 10 = 2.302585093\cdots$). 对任意数 j 有

$$a^{j\omega} = (1+k\omega)^j = 1 + \frac{j}{1}k\omega + \frac{j(j-1)}{1\cdot 2}k^2\omega^2 + \cdots.$$

令 $j = \dfrac{z}{\omega}$, 而 z 为定数, 则 j 为无穷大, 代入上式有

$$a^z = \left(1 + \frac{kz}{j}\right)^j = 1 + \frac{1}{1}kz + \frac{j(j-1)}{1\cdot 2}\frac{k^2z^2}{j^2} + \frac{j(j-1)(j-2)}{1\cdot 2\cdot 3}\left(\frac{kz}{j}\right)^3 + \cdots. \quad (10)$$

但因 j 是无穷大, 所以 $\dfrac{j-1}{j} = 1, \dfrac{j-2}{j} = 1$ 等等, 代入上式, 得到

$$a^z = 1 + \frac{kz}{1} + \frac{k^2z^2}{1\cdot 2} + \cdots, \quad (11)$$

令 $z = 1$ 有

$$a = 1 + \frac{k}{1} + \frac{k^2}{1\cdot 2} + \cdots. \quad (12)$$

上面说到 $\psi = k\omega$, 取 a 为相应于 $k = 1$ 的那个数, 则由 (12) 式有

$$a = 2.71828182845904523536028. \quad (13)$$

欧拉接着说: "为简单计, 我们用符号 e 表示此数: e $= 2.718281828459\cdots$. 它是自然对数或称双曲对数的底, 它相应于 $k = 1$, 而且表示无穷级数 $1 + \dfrac{1}{1} + \dfrac{1}{1\cdot 2} + \dfrac{1}{1\cdot 2\cdot 3} + \dfrac{1}{1\cdot 2\cdot 3\cdot 4} + \cdots$ 之和".

我们在第 2) 段中介绍的推导, 就是欧拉上面的推导. 令人惊叹的是, 在欧拉时代尚没有计算机, 他怎么能用手算出 e 到 23 位小数?

欧拉还利用类似的方法进一步导出了对数的级数表达式:

在 (10) 式中令 $a = \mathrm{e}$, 相应的 $k = 1$, 从而有

$$\mathrm{e}^z = \left(1 + \frac{z}{j}\right)^j = 1 + \frac{z}{1} + \frac{z^2}{1 \cdot 2} \cdot \frac{j}{j} \cdot \frac{j-1}{j} + \cdots,$$

如果把 e^z 写成 $1 + x$, 则由上式得到

$$1 + x = \left(1 + \frac{z}{j}\right)^j,$$
$$(1 + x)^{\frac{1}{j}} = 1 + \frac{z}{j},$$

所以

$$\begin{aligned}z &= j\left[(1+x)^{\frac{1}{j}} - 1\right] \\ &= j\bigg[\frac{x}{j} + \frac{x^2}{1 \cdot 2} \cdot \frac{1}{j}\left(\frac{1}{j} - 1\right) + \\ &\quad \frac{x^3}{1 \cdot 2 \cdot 3} \cdot \frac{1}{j}\left(\frac{1}{j} - 1\right)\left(\frac{1}{j} - 2\right) + \cdots\bigg] \\ &= x - \frac{x^2}{2} + \frac{x^3}{3} - \cdots.\end{aligned}$$

但是 z 就是 $\log_{\mathrm{e}} \mathrm{e}^z = \log_{\mathrm{e}}(1+x)$, 所以得到对数的级数表达式

$$\log_{\mathrm{e}}(1+x) = x - \frac{x^2}{2} + \frac{x^3}{3} - \cdots. \tag{14}$$

3. 寻求正整数平方的倒数之和

瑞士数学家**雅各布·伯努利** (Jacob Bernoulli, 1654 — 1705) 曾为找到级数

$$\sum_{n=1}^{\infty} \frac{1}{n^2} = 1 + \frac{1}{4} + \frac{1}{9} + \frac{1}{16} + \frac{1}{25} + \cdots \tag{15}$$

的和而犯难, 他为此公开征求解答: "假如有人能够求出这个我们直到现在还未求出的和并能把它通知我们, 我们将会很感谢他." 但直到他去世, 仍无人能够解决这个难题.

几十年后, **欧拉**发现了这个和式的一些表达式, 但没有一个能使他满意. 他用其中一个表达式算出了该和式的有 7 位有效数字的和 1.644934, 但这只是一个近似值. 怎样才能得到它的精确值呢? 欧拉用类比的方法找到了答案.

大家知道, 如果偶次方程

$$a_0 - a_1 x^2 + a_2 x^4 - a_3 x^6 + \cdots + (-1)^n a_n x^{2n} = 0 \quad (16)$$

有一个根 c, 则 $-c$ 也一定是它的根. 现设方程 (16) 有根

$$c_1, -c_1, c_2, -c_2, \cdots, c_n, -c_n,$$

显然它们也是方程

$$a_0 \left(1 - \frac{x^2}{c_1^2}\right) \left(1 - \frac{x^2}{c_2^2}\right) \cdots \left(1 - \frac{x^2}{c_n^2}\right) = 0 \quad (17)$$

的根. 方程 (16) 和 (17) 有完全相同的根, 而且它们的常数项也相等, 因此 x 同次幂项的系数也应相等. 特别地, x^2 项的系数应当相等, 亦即有等式

$$a_1 = a_0 \left(\frac{1}{c_1^2} + \frac{1}{c_2^2} + \cdots + \frac{1}{c_n^2}\right). \quad (18)$$

现在类比地考察方程

$$\frac{\sin x}{x} = 0. \quad (19)$$

由 $\sin x$ 的级数表达式

$$\sin x = x - \frac{x^3}{3!} + \frac{x^5}{5!} - \cdots + (-1)^n \frac{x^{2n+1}}{(2n+1)!} + \cdots, \quad (20)$$

(19) 式可以写成

$$1 - \frac{x^2}{3!} + \frac{x^4}{5!} - \frac{x^6}{7!} + \cdots + (-1)^n \frac{x^{2n}}{(2n+1)!} + \cdots = 0, \quad (21)$$

因此, 方程 (21) 和 (19) 有相同的根, 即

$$\pi, -\pi, 2\pi, -2\pi, \cdots, n\pi, -n\pi, \cdots.$$

而这些值也是方程

$$\left(1 - \frac{x^2}{\pi^2}\right)\left(1 - \frac{x^2}{2^2\pi^2}\right) \cdots \left(1 - \frac{x^2}{n^2\pi^2}\right) \cdots = 0 \quad (22)$$

的根, 比较方程 (21) 和 (22), 类比 (18) 式可以得到

$$\frac{1}{3!} = \frac{1}{\pi^2} + \frac{1}{2^2\pi^2} + \cdots + \frac{1}{n^2\pi^2} + \cdots,$$

由此得到

$$\frac{1}{1^2} + \frac{1}{2^2} + \cdots + \frac{1}{n^2} + \cdots = \frac{\pi^2}{6}. \quad (23)$$

当然, 这种类比不等于证明, 因为 (16), (17) 式中只包含有限多个项, 而 (21), (22) 式中包含无穷多个项. 但是, 类比可以发现规律. 为了进一步确认, 欧拉将 $\frac{\pi^2}{6}$ 和 $\sum_{n=1}^{\infty} \frac{1}{n^2}$ 分别计算到小数点后 6 位, 二者均为 1.644934, 这更使他相信这一结果是正确的.

而且,他还在求 (23) 式的基础上,进一步比较方程 (21) 和 (22) 的系数,得到了

$$\sum_{n=1}^{\infty} \frac{1}{n^4} = \frac{\pi^4}{90} \qquad (24)$$

并且猜测

$$\sum_{n=1}^{\infty} \frac{1}{n^{2m}} = \frac{\pi^{2m}}{p} \quad (p \text{ 是某个正整数}). \qquad (25)$$

形如

$$\sum_{n=0}^{\infty} (-1)^n \frac{1}{2n+1}$$

的级数称为莱布尼茨级数,它的和等于 $\frac{\pi}{4}$ 在欧拉时代已经是一个公认的事实. 欧拉运用他的上述方法成功地重新得到了

$$\sum_{n=0}^{\infty} (-1)^n \frac{1}{2n+1} = \frac{\pi}{4}. \qquad (26)$$

具体推导如下: 方程

$$1 - \sin x = 0$$

有根

$$\frac{\pi}{2}, -\frac{3\pi}{2}, \frac{5\pi}{2}, -\frac{7\pi}{2}, \cdots, (-1)^n \frac{(2n+1)\pi}{2}, \cdots, \qquad (27)$$

而且它们都是二重根.

利用 (20) 式将 $1-\sin x$ 写成级数形式, 再根据 (27) 将它写成乘积形式, 可以得到

$$\begin{aligned}&1-\sin x\\ =&1-x+\frac{x^3}{3!}-\frac{x^5}{5!}+\cdots\\ =&\left(1-\frac{2x}{\pi}\right)^2\left(1+\frac{2x}{3\pi}\right)^2\left(1-\frac{2x}{5\pi}\right)^2\left(1+\frac{2x}{7\pi}\right)^2\cdots.\end{aligned}$$

比较后一等式两边一次项的系数, 得到

$$-1=-\frac{4}{\pi}+\frac{4}{3\pi}-\frac{4}{5\pi}+\frac{4}{7\pi}-\cdots,$$

从而得到 (26) 式.

欧拉用他的方法成功地得到了这个以前已知的结果后, 他说: "这对我们那个被认为还有某些不够可靠之处的方法, 现在可充分予以肯定了, 因此我们对于用同样方法导出的其他一切结果也不应怀疑." 当然, 作为数学家的欧拉不会就此止步, 大约 10 年之后, 他又对 (23) 式给出了严格的证明.

4. 关于凸多面体的面、顶、棱公式

如果用 f、v 和 e 分别表示简单凸多面体的面 (face)、顶 (vertex) 和棱 (edge) 的个数, 欧拉给出了它们之间关系的一个著名的公式:

$$f+v-e=2. \tag{28}$$

欧拉是如何发现这个公式的呢?

在平面几何中,有一个大家知道的结果: n 边形的内角和为 $(n-2)\pi$,那么对于多面体来说,有没有类似的性质呢?

为此,欧拉首先考虑凸多面体的所有面角的和,记为 $\sum \alpha$. 他分别计算了立方体、四面体、八面体、五棱柱,以及在立方体上面加一个四棱锥而构成的"塔顶"体. 结果没有发现什么规律.

然后,他进一步考虑每个顶点处具有相同角顶的面角之和. 虽然它们的具体大小不知,但显然都小于 2π,因此 $\sum \alpha < 2\pi v$. 同时,欧拉发现,对于上面几个他所考察过的多面体有下面的规律:

$$2\pi v - \sum \alpha = 4\pi, \tag{29}$$

而且,上述规律对于其他一些凸多面体,如 12 面体、20 面体、n 棱柱、n 棱锥、双 n 棱锥(由分居于公共底面两侧的两个 n 棱锥拼成)仍然成立. 由此欧拉猜想 (29) 式是一个一般规律.

注意到凸多面体的所有面角的和 $\sum \alpha$ 可以如下计算:

凸多面体有 f 个面,设各个面的边数分别为 S_1, $S_2, \cdots, S_f$,则有

$$\begin{aligned}\sum \alpha &= (S_1 - 2)\pi + (S_2 - 2)\pi + \cdots + (S_f - 2)\pi \\ &= (S_1 + S_2 + \cdots + S_f - 2f)\pi,\end{aligned}$$

由于凸多面体的每条棱都分别是两个面的边,所以各个面的边数之和等于棱数的 2 倍,故

$$\sum \alpha = (2e - 2f)\pi. \tag{30}$$

将 (30) 代入 (29) 式, 即得欧拉公式 (28).

欧拉公式的证明有多种方法, 下面是一种特别有启发性的方法.

我们可以先从多面体上挖去一个面, 然后将余下的图形摊开在平面上, 这样就可以得到一个网络, 原来的棱变成了连接原来顶点的弧. 如图 5 (a) 所示的立方体, 原来有 6 面、8 顶、12 棱, 变成了如图 5 (b) 所示的有 8 个顶点、12 条弧的网络. 如果把弧围成的区域叫做面, 其个数仍用 f 表示, 则 f 减少了 1 而由 6 变为 5, 因此, 为了证明欧拉公式, 就可以改为对平面网络证明有公式

$$f + v - e = 1. \tag{31}$$

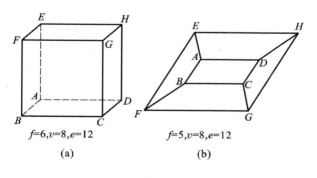

图 5

我们从图中的网络开始: 先去掉一个外弧, 如 EH, 这时 e 和 f 均减少 1 而 v 不变, 因此 $f+v-e$ 保持不变. 如此可将所有的外弧去掉, 得图 6 (a). 这

时点 E, F, G, H 均称为 "尾" 顶点. 再将 E 和通向它的弧 AE 去掉, 于是 e 和 v 各减少 1 而 f 不变, 从而 $f+v-e$ 仍保持不变. 因此又可以将所有 "尾" 顶点去掉, 得图 6 (b). 按照上述方法继续下去, 最后就得到一张只有一个顶点的网络, 如图 6 (e) 所示, 这时 $v=1, e=f=0$, 从而 (31) 式成立, 于是欧拉公式 (28) 也成立. 显然, 将任意网络按上述方法处理最后都剩下一点, 故上面这一证法对于任意平面网络都是可行的.

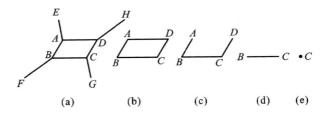

图 6

三、直觉及其在科学发展中的作用

直觉是未经充分逻辑推理的直观,是人脑对客观事物的一种迅速而直接的洞察或领悟.直觉是以已经获得的知识和累积的经验为依据的,而并非不依靠实践、不依靠意识的逻辑活动的一种天赋的认识能力.

灵感是直觉的特殊状态和典型状态.是在艰苦学习、不断实践以及已有知识和经验的基础上突然产生的富有创造性的思路."灵感"强调的是顿悟,是从心理状态的角度来说的.而"直觉"强调的是未经渐进、严密的逻辑推理,直接而迅速地作出判断,是从思维形式的角度来说的.

爱因斯坦(Einstein, 1879—1955)多次说过:"**我信任直觉**""**我相信直觉和灵感**".他认为科学发现的道路首先是直觉的,而不是逻辑的.他有一句名言:"**天才就是 1% 的灵感加上 99% 的汗水.但那 1% 的灵感是最重要的,甚至比那 99% 的汗水都要**

重要."正如加拿大科学哲学家 **M·崩格**所说,光凭逻辑是不能使一个人产生新思想的,正如光凭语法不能激起诗意,光凭和声理论不能产生交响乐一样.科学发展史表明,那些根本改变旧观念的新思想,那些重大的发明创造,通常并不是从过去的知识中逻辑地演绎出来的,也不是作为经验资料的简单概括而产生的.它们来自思维运动中的飞跃,来自科学家们的直觉.

下面仅举几个例子.

例 1 医生"叩诊"是怎样发现的?

众所周知,医生普遍使用手指敲叩患者胸部和背部的方法,来诊断胸腔的病情.这在医疗上叫做叩诊.发明叩诊的方法得益于类比.

18 世纪中叶,奥地利医生**奥恩布鲁格**有一次给一位患者看病,当时没有检查出什么毛病,可是患者却很快死了.解剖尸体才发现,胸腔内早已化脓,积满脓水.高度的责任感使奥恩布鲁格苦苦思考,如果再碰上类似的病人那该怎么办呢?出身于酒商家庭的他,想起父亲经常用手指关节敲叩木制酒桶,凭着叩声的不同,就能准确地估计出桶内还有多少酒.突然,灵感出现,他联想到,是否可以把人的胸腔比作酒桶,根据用手指敲叩患者胸部所听到的音响来作出诊断呢?

于是,奥恩布鲁格开始观察病例并进行病理解剖,探索胸部疾病和叩击声音之间的相应关系,并把研究的成果写成了论文《用叩诊人体胸部发现胸膛疾病的新方法》.这篇论文开创了叩诊方法的先河.

后经医务界反复实验、研究,终于从理论上阐明了这一方法的科学根据. 叩诊至今仍是临床诊断的常用方法之一.

例 2 长途传输电报信号衰减问题的解决

美国发明家**莫尔斯**在 1832 年发明了电报,并创造了电报通信中应用的莫尔斯电码,就是用点(短时电流)、线(较长时电流)和空(没有电流)的适当搭配来代表字(字母)和数字. 他遇到的最大障碍是远距离传输时信号发生的衰减现象. 他起先采用将原始信号放大的办法,但是没有成功. 有一天,他在搭乘驿车从纽约到巴尔的摩的途中,注意到邮车每到一个驿站就要更换拉车的马. 突然,他联想到:为什么不在电报线路的沿途设置放大站,不断将信号放大呢? 从而解决了这个难题.

例 3 内燃机汽化器的发明

美国工程师**杜里埃**认识到,为了使内燃机有效地工作,必须使汽油和空气能够均匀地混合. 可是怎么来实现这种混合呢? 这个问题一直纠缠着他. 1891年,他看到妻子喷洒香水,从中得到启发,创造了发动机的汽化器. 其实,汽化器也是一个喷雾器.

例 4 田熊式锅炉的发明

日本发明家**田熊常吉**在动手改进锅炉中的"水流和蒸汽循环"时,联想到童年时学到的人体"血液循环",就把血液循环系统中动脉和静脉的不同功能以及心脏瓣膜阻止血液逆流的功能运用到锅炉的水和蒸汽的循环中去,发明了一种新式锅炉,称为田熊式锅炉,这种锅炉的热效率比过去提高了百分之十.

例 5　万有引力定律的发现

大家知道,**开普勒**根据**第谷**的大量天文观察资料,整理归纳出行星运动的三大定律.他也想继续进一步探索行星运动的原因,但未能完成这一任务.**牛顿**接过了这一课题,他写道:"数学家的任务就是要找出这种正好能使一个物体在一定轨道上以一定速度运动的力,并且反过来,要确定从一定地点以一定速度发射出去的一个物体,由于一定的力的作用偏离其原有直线运动而进入的那条曲线路程."传说有一天,牛顿在他母亲的花园里,碰巧一个苹果从近旁树上掉了下来.为什么苹果总是垂直地落到地面,而不往其他方向去呢?牛顿想一定是地球有一种力吸引着它,而且,使重物下落的力应当和天体运动的力是同一种力,从而找到了天体运动的原因,得出"万有引力定律".这个传说是法国哲学家**伏尔泰**根据牛顿外甥女凯瑟琳的介绍,记载在其《牛顿哲学原理》一书中的.

事实上,万有引力定律的发现和确立要比这个故事艰难得多.牛顿在他 1687 年出版的名著《自然哲学的数学原理》(简称《原理》)一书的第三篇中写道:"行星依靠向心力,可以保持在一定的轨道上,这只要考虑一下抛射体的运动就可以理解了:一块被抛出去的石头为其自身重量所迫,不得不离开直线轨道而在空中循曲线前进……最后落到了地面上;抛出去时速度越大,它落地前走得就越远.因此,我们可以假定抛出的速度不断增大,使得它在到达地面之前能划出 1、2、5、10、100、1000 英里的弧长,直到最后超出了地球的范围,进入宇宙空间而不再碰到地面.……但是,如果我们现在想象物体是从更高的高度沿着水平线方向抛射出去的,例如从 5 英里、10 英里、100 英里、1000 英里或者更高的高度,甚至高达地球半径的许多倍,那么,这些物体就会按其不同的速度并在不同高度处的不同重力作用下划出一些与地球同心的圆弧或各种偏心的圆弧,它们在天空沿着这些轨道不停地转动,正像行星在自己的轨道上不停地转动一样."

这就是使行星作曲线运动的向心力与使苹果落地的重力发生联系的逻辑推理,它们是同一种力,就是引力. 但是,牛顿遇到了一个计算上的困难,使万有引力的理论搁置了 7 年没有发表出来. 因为,如果两个质点间的引力正比于二者质量的乘积,反比于距离的平方,那么由无数个质点积聚起来的两个球体之间的引力应当如何计算呢? 牛顿当时不能解决.

事实上,当两个球体相距很远(像两个恒星)时,可以把它们当作质点来处理;但若相距并不太远(像地球和月亮)的话,就不能看作质点了. 在今天看来,这只需用一个三重积分就可以解决.但在微积分刚刚建立的时代,的确是一个很困难的问题.

1684 年,牛顿的朋友**哈雷** (E. Halley, 1656 — 1742) 为一个问题所苦恼: 什么样的引力定律使行星按椭圆轨道运行呢? 这已在伦敦皇家学会辩论了很久而没有结果. 哈雷跑到三一学院问牛顿,牛顿马上回答说是平方反比定律. 哈雷问他是怎么知道的,其实牛顿早在研究和证明开普勒第二定律时就得到了椭圆轨道上引力与距离的平方成反比的定律,而平方反比关系的确立,标志着万有引力定律已基本成形.

牛顿在其《原理》一书第 3 卷中利用万有引力定律讨论了彗星的运行. 1680 年 11 月与 1681 年 3 月有个大彗星两度出现. 牛顿通过计算得出 1680 年的彗星是以太阳为焦点作抛物线运动的, 它对太阳的向心力也服从距离平方反比定律. 1682 年, 哈雷在访问巴黎天文台时, 恰好观测到一颗大彗星, 后来, 他从牛顿关于彗星也服从万有引力定律的观点感悟到: 如果彗星是在一个以太阳为焦点的椭圆轨道上运行, 那么, 有朝一日它还会转回到太阳附近, 地球上的人们可以再次看到它. 基于这个想法, 哈雷应用万有引力定律开始了对彗星的研究. 他首先确定了 1337 — 1698 年间出现的 24 颗彗星的轨道要素, 以关于它们的位置记录为出发点, 查阅了前人的研究文献, 发现 1607 年开普勒观察到的一颗彗星与自己 1682 年观测的彗星描述相符, 两次彗星出现的时间间隔是 75 年. 如果 75 年是这颗彗星的周期, 只要依此前推就可以找到它先前的记载. 哈雷继续对照查证, 又找到一颗出现于 1531 年的彗星与这两个彗星的轨道极其相似, 但时间间隔却是 76 年. 为什么这三颗彗星的记载和轨道如此相似但间隔时间却有差异呢? 根据牛顿的万有引力理论, 哈雷认为这是因为彗星围绕太阳运行时受到其他天体 (如土星、木星) 的引力影响, 其运动轨道偏离了原来的轨道，亦即因为"摄动"导致了运动周期的变化，使得它每一次出现的时间间隔不可能完全相等. 1705 年，哈雷出版了《彗星天文学论说》一书，书中论述了他应用牛顿的理论计算出 1337 — 1698 年间观测到的 24 颗彗星的轨道. 哈雷指出，出现于 1531 年、1607 年和 1682 年的三颗彗星应是同一颗彗星的三次回归，并大胆预言，这颗彗星一定会再次回来，回归的日期在 1758 年底到 1759 年初，时间间隔是 76 年. 牛顿在《原理》第三版序言中首肯了哈雷的研究，他说："哈雷博士比以前更精确地计算了该彗星的椭圆轨道，沿此轨道，彗星穿越天穹九宫，其精确性与行星在天文学给出的椭圆上运行并无二致".

哈雷去世后 16 年，1758 年的圣诞之夜，德国德雷斯登附近的一位农民天文爱好者发现了回归的彗星，1759 年 3 月 13 日拖着美丽长尾的彗星到达了它的近日点，哈雷的预言实现了！作为人类所确认的第一颗周期彗星，**哈雷彗星**的回归，说服了最后一批牛顿力学的怀疑者.此后，1835 年，1910 年，1986 年，哈雷彗星都如期地回归过地球，一次又一次地证实了牛顿理论的正确.

例 6　德布罗意的物质波理论

现代科学中的许多重要理论，都是先由数学类比提出假说，然后经过实验检验而确立起来的. 法国物理学家**德布罗意** (L. de Broglie 1892 — 1987) 提出的物质波理论就是如此. 20 世纪初人们发现光除了有波动性外还有微粒性，爱因斯坦引进了光子的概念. 德布罗意对光学现象与力学现象进行了深入的比较. 他想, 既然光具有波粒二象性, 那么, 从自然界的对称性出发, 是不是也应当认为, 一切实物粒子 (如电子、原子、分子等) 也具有波粒二象性呢? 他说: "如果我们要想建立一个能同时解释光的性质和物质的性质的单一理论, 那么在物质的理论中, 犹如在辐射的理论中一样, 必须同时考虑波和粒子." 德布罗意将光的波长 λ 和动量 p 之间的关系:

$$\lambda = \frac{h}{p} \quad (h \text{ 为普朗克常数})$$

类比推广到物质粒子, 并把量子理论和爱因斯坦的相对论有机地结合起来, 在 1923 年给出了物质粒子的波长 λ 和动量 mv 之间著名的德布罗意关系式:

$$\lambda = \frac{h}{mv} = \frac{h}{m_0 v}\sqrt{1 - \frac{v^2}{c^2}},$$

天才地预见了微观粒子, 特别是电子, 应具有可测量的波动特征. 根据这一公式计算, 中等速度电子的波长应相当于 X 射线的波长. 1927 年, 德布罗意的预言和推论被实验所证实, 1929 年他获得诺贝尔物理学奖.

例 7 苯环结构的发现

德国化学家**凯库勒**长期从事分子结构的研究. 他在 1858 年提出了碳原子在有机分子中相连成长链的碳链学说, 开创了有机结构理论. 但是, 对于苯的分子结构长期未能解决. 苯分子中, 含有六个碳原子和六个氢原子, 它们相互间是怎样结合的呢? 1865 年的一天晚上, 他在书房里写教科书, 不知不觉在火炉边打起了瞌睡. 梦中的碳原子像炉中柴火一样闪着火星, 犹如蛇一样弯曲盘绕, 突然, 其中一条蛇咬住了自己的尾巴, 他如被电击而惊醒. 为了解开苯的分子结构之谜, 凯库勒作过多种猜测, 画了各种各样的结构式, 但都是长条状的, 半睡眠状态中的蛇的形象促使他想到了苯分子的环形结构. 经过一整夜的思考, 终于弄清了苯的六角环形结构式. 凯库勒苯环结构的发现, 彻底改变了有机化学的面貌. 近代化学用 X 射线对芳香族化合物结构的研究, 证实了这种平面六角环形. 图 7 是凯库勒给出的苯的环状结构模型, 每个碳 (C) 原子连接一个氢 (H) 原子, 苯环单、双键交替排列, 双键位置可以迅速移动.

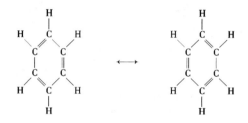

图 7 凯库勒双键摆动模型

以上 7 个例子, 反映了直觉的不同表现形式, 如归纳, 类比, 联想, 灵感等等.

四、数学直觉及其培养

1. 数学直觉的意义

数学直觉是人脑对于空间形式和数量关系等数学对象迅速而直接的洞察或领悟,是开展数学创造活动所应具备的必要素质和重要能力.

数学史上逻辑主义学派的代表人物**罗素**和**皮亚诺**等人认为:数学的概念可以从逻辑的概念出发,经由明显的定义而得出;数学的定理可以从逻辑的命题出发,经由纯逻辑的演绎推理而得出. 因此,全部数学都可以从基本的逻辑概念和逻辑规则推导出来. 这样一来,数学也就成为逻辑学的一个分支了. 事实并非如此.

匈牙利著名的数学家、教育家 G. 波利亚指出:"数学被人看作是一门论证科学. 然而这仅仅是它的一个方面. **以最后确定的形式出现的定型的数学,好像是仅含证明的纯论证性的材料. 然而,数学的创造过程是与任何其他知识的创造过程一样的**. 在证明一个数学定理之前,你先得猜测这个定理的内容,在你完全作出详细证明之前，你先得推测证明的思路．你先得把观察到的结果加以综合然后加以类比．你得一次又一次地进行尝试．**数学家的创造性工作成果是论证推理，即证明；但是这个证明是通过合情推理，通过猜想而发现的．**只要数学的学习过程稍能反映出数学的发明过程的话，那么就应当让猜测、合情推理占有适当的位置．"

德国数学大师**希尔伯特** (Hilbert, 1862 — 1943) 说过：**"在算术中，也像在几何学中一样，我们通常都不会循着推理的链条去追溯最初的公理．相反地，特别是在开始解决一个问题时，我们往往凭借对算术符号的性质的某种算术直觉．迅速地、不自觉地去应用并不绝对可靠的公理组合．这种算术直觉在算术中是不可缺少的，就像在几何学中不能没有几何想象一样．"** 他还说：**"我甚至相信，数学知识终究是依赖于某种类型的直觉洞察力的……"**

法国数学大师**庞加莱** (Poincaré, 1854 — 1912) 不同意把数学完全归于逻辑而与直觉无关，他认为即使不提数学的发明，就是在推理方面，也不能说就不需要直觉的帮助，因为在证明中所用的逻辑材料很多，要运用这些逻辑材料构成一种数学建筑，也有一个选择问题，这样就离不开直觉．庞加莱指出，在罗素的逻辑中也采用了许多新概念，这种新东西是罗素本人也不能说明的公理．而每一项公理都是直觉的一个新行为，所以构成罗素的新逻辑的那些基础概念和判断并非与直觉无关．因此，直觉是全部逻辑推理链的前提或基础．庞加莱专门研究了由直觉

导致的数学公理的性质和形式.他列举了四类公理:

(1) 两个量与第三量相等,则这两个量相等;

(2) 如果定理对"1"为真,当它对"n"为真时,若证得它对于"$n+1$"为真,那么,此定理对任何正整数为真;

(3) 如果点 C 在直线上位于 A 与 B 之间,而点 D 位于 A 与 C 之间,则点 D 位于 A 与 B 之间;

(4) 经过一点可以而且只能作一条直线与某直线平行.

然后指出,虽然这些公理的性质不同、功能不同,但都经直觉而来则是相同的.所以数学并不像逻辑主义者所说的那样可以全部归结为纯逻辑而丢弃直觉的作用.

如今,直觉猜想在数学研究中的重要作用已为广大数学家所公认.正如英国数学家**布罗诺布斯基**在题为《想象的天地》的演讲中说:"所有伟大的科学家都自由地运用他们的想象,并且听凭他们的想象得出一些狂妄的结论,而不叫喊'停止前进!'."英国物理学家贺拉斯·兰姆 (1849 — 1934) 说得好:"不亲自检查桥梁的每一部分的坚固性就不过桥的旅行者是不可能走远的.甚至在数学中有些事情也要冒险."达朗贝尔更有一句人们广为引用的名言:"前进吧,前进将使你产生信念!"

2. *演绎、类比与归纳*

已严格地提出来的数学是一门系统的演绎科学,

它不同于经验的自然科学;而正在形成过程中的数学却是一门实验性的归纳科学.

演绎方法的本质是根据一定的逻辑规则,从前提出发推出结论.它可以是从一般到特殊的推理,也可以是从一般到一般或从特殊到特殊的推理,还可以是无须用一般和特殊概念的推理,如命题的演算.演绎推理是一种必然推理,只要前提正确,推理过程又合乎逻辑规则,就可以得到正确的结论.

归纳方法是科学家处理经验的方法.归纳推理是从具体到抽象的推理,其目的在于探索事物的规律性,是发现同类事物之间的联系与共有规律,是一种或然性推理.

所谓类比是指有类似的关系.类比作为一种推理方法,它既不同于归纳推理,也不同于演绎推理.类比推理不必经过抽象阶段,不必以一般原理为中介,而是直接从某个特定的具体对象到另一个特定的具体对象的推理.是由此及彼或由彼及此,是发现不同事物之间的联系或相似的规律.

例如,平面上的一个三角形可与空间的一个四面体作类比,着眼点是研究用最少的几何元素去围成一个有限的图形.因为,在平面上两条直线不能围成一个有限的图形,而三条直线却能围成一个三角形.在空间,三个平面不能围成一个有限的图形,而四个平面却有可能围成一个四面体.

也可以把一个三角形和一个三棱锥看作类比的图形.因为,一方面我们可以取一直线段,将此线段外的一点与线段上的所有点用线段相连,可以得到一个三角形；另一方面，取一个多边形，将此多边形所在平面外的一点与多边形上的所有点用线段相连，可以得到一个棱锥.用类似的方法，我们可以把一个平行四边形和一个棱柱看作是相类比的图形，等等.

如果着眼点是研究面积，那么三角形就既可以与梯形类比(把三角形看作是上底为零的梯形)；也可以与扇形类比(把扇形看作是以它的弧为底的特殊三角形).

通过图形的类比可以联想到图形所具有的性质的类比.例如：

设以四面体作为三角形的类比，则在立体几何中就有与平面几何中的概念相类比的概念，例如平行六面体、长方体、立方体、二面角的角平分面等分别与平行四边形、矩形、正方形、角平分线等类比；也可以得到一些与平面几何定理相类似的立体几何定理，例如："三角形的三条角平分线交于一点，这个点是其内切圆的圆心"，类似的有"四面体的六个二面角的角平分面交于一点，这个点是其内切球的球心".

若把三棱锥看作是三角形的类比，则在立体几何中就有与四边形，圆等相类比的立体；也可以得到与平面几何定理："圆的面积等于一个底边长为圆周长、高为圆半径的三角形的面积"相似的定理："球的体积等于一个底面积为球的表面积、高为球半径的圆锥体的体积".

运用类比方法的关键是要善于发现不同对象之间的"相似".泛函分析创始人之一的波兰数学家巴

拿赫 (S. Banach, 1892 — 1945) 认为: **"一个人是数学家, 那是因为他善于发现判断之间的类似. 如果他能判明论证之间的类似, 他就是个优秀的数学家. 要是他竟识破理论之间的类似, 那么, 他就成了杰出的数学家. 可是我认为还应当有这样的数学家, 他能够洞察类似之间的类似."**

我们在前面所介绍的欧拉数学直觉的例子中, 欧拉将无限和有限所作的类比, 没有极高的数学直觉洞察力和极强的联想能力是绝不可能的. 而欧拉发现简单凸多面体面、顶、棱关系的过程, 则突出地反映了欧拉超人的类比能力、归纳能力和洞察数学对象内在本质的能力.

应当指出, 尽管归纳、演绎和类比都是推理的方法, 都是从已知的前提推出结论, 而且结论都要在不同的程度上受到前提的制约, 但是结论受前提制约的程度是不同的. 其中演绎的结论受到前提的限制最大, 归纳的结论受到前提的限制次之, 而类比的结论受到前提的限制最小. 因此类比在科学探索中发挥的作用最大, 它可以在归纳和演绎无能为力的地方发挥其特有的效能.

但类比也有一定的局限性. 类比的结论属于或然性推论, 用类比从前提得到的结论并不具有逻辑必然性, 因此, 常常是不可靠的, 甚至是完全错误的. 1846 年, 法国天文学家**勒威耶** (Le Verrier, 1811 — 1877) 和英国天文学家**亚当斯** (Adams, 1819 — 1892) 根据天王星轨道的摄动现象, 各自通过计算, 成功地预言了海王星的存在, 这在科学史上是很著名的事件. 1859 年, 勒威耶发现水星近日点有 5600 秒/(100 年) 的角位移, 在扣除总岁差和行星摄动后还有 42.6 ± 0.9 秒/(100 年) 的进动无法用牛顿理论解释, 他把水星轨道近日点的进动现象与天王星轨道的摄动现象进行类比, 作出了可能又是一个未知行星摄动的推论. 此后, 许多天文学家花费了几十年的时间, 寻找这颗猜想的行星, 有人还将它命名为 "火神星". 但最后, 大家不得不承认, 这一行星是根本不存在的. 爱因斯坦广义相对论建立以后, 人们才弄清了产生水星近日点进动现象的真正原因, 在于按牛顿力学建立的水星运动模型方程中应当加一个修正项.

在数学中, 这方面的例子也是很多的. 例如, 交错级数

$$1 - \frac{1}{2} + \frac{1}{3} - \frac{1}{4} + \frac{1}{5} - \frac{1}{6} + \frac{1}{7} - \frac{1}{8} + \cdots$$

是收敛的, 即它有一个有限和. 设其和为 l, 只要将它分别写成

$$1 - \frac{1}{2} + \left(\frac{1}{3} - \frac{1}{4}\right) + \left(\frac{1}{5} - \frac{1}{6}\right) + \left(\frac{1}{7} - \frac{1}{8}\right) + \cdots$$

和

$$1 - \left(\frac{1}{2} - \frac{1}{3}\right) - \left(\frac{1}{4} - \frac{1}{5}\right) - \left(\frac{1}{6} - \frac{1}{7}\right) - \cdots,$$

并注意到每个括号内计算的结果都大于 0, 就可以知道

$$\frac{1}{2} < l < 1.$$

又

$$2l = \frac{2}{1} - \frac{1}{1} + \frac{2}{3} - \frac{1}{2} + \frac{2}{5} - \frac{1}{3} + \frac{2}{7} - \frac{1}{4} + \cdots$$

如果把上式中分母是相同奇数的各项合并, 就会得到

$$\begin{aligned}2l &= \frac{2}{1} - \frac{1}{2} + \frac{2}{3} - \frac{1}{4} + \frac{2}{5} - \cdots \\ &\quad -\frac{1}{1} \qquad -\frac{1}{3} \qquad -\frac{1}{5} \\ &= 1 - \frac{1}{2} + \frac{1}{3} - \frac{1}{4} + \frac{1}{5} - \cdots = l.\end{aligned}$$

也就是 $l = 2l$, 但 $l \neq 0$, 这是一个矛盾.

这里的错误在于, 把有限项求和的结果与各项计算的顺序无关的性质, 无条件地类比推广到了无限项求和. 因为对于无穷级数而言, 只有当它的每一项取绝对值后所得到的级数仍然收敛 (称为绝对收敛) 时, 才能保证求和与顺序无关.

类比结论带有偶然性, 是由于尽管对象之间的同一性提供了类比的根据, 但差异性限制了结论的可靠性. 当人们根据同一性进行类比时, 如果推测出的属性正好体现了它们的差异性, 类比的结论就会发生错误.

3. 经验与直觉

1918 年爱因斯坦说过: "**物理学家的最高使命是要得到那些普遍的定律**", 而 "**要通向这些定律, 并没有逻辑的道路, 只有通过那种以对经验的共鸣的**

理解为依据的直觉,才能得到这些定律." 他在 1952 年提出了思维与经验关系的著名图式 (图 8), 即直接经验通过直觉上升为公理体系, 再演绎导出各个命题, 这些命题再回到直接经验去验证.

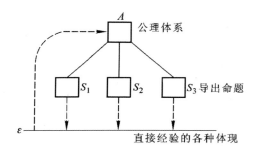

图 8

爱因斯坦强调科学的基本公理来源于经验,而以对经验的共鸣的理解为依据的直觉是实现从经验到理论的飞跃的途径;但"科学不能仅仅在经验的基础上成长起来"而要经过"理智的构造"和"自由地发明观念和概念";由基本公理推出个别命题是逻辑地完成的;而导出的命题必须用经验来验证.

数学直觉的基础也是经验和知识的积累,数学直觉力的强弱与经验和知识"组块"有着密切的关系.现代心理学家们认为,人们大脑中储存的信息已经不是感觉映像本身,而是感觉映像经模式识别、抽象概括后的概念及概念之间的关系,是一些"关系的结构"或者说是一些一般模式、知识"组块".当人们面临某种问题时,由于触发信息的出现,在某种条件下,记忆系统中相应的模式、组块就会被唤起,从而自动对号, 迅速作出判别或选择. 正如美国心理学教授西蒙所说: **"因为他能很快地在记忆中把他原来熟悉的组块认出来, 就好像在百科全书中, 如果我们把索引找对的话, 我们就能从索引找到那个内容."** 因此, 所谓 "组块" 就是 "能够迅速接通长期记忆中的信息的索引项".

下面举**欧拉的一个例子.**

《欧拉全集》第一辑第 16 卷第 241 — 265 页是他的一个简短笔记. 他指出, 含正值参数 n 的级数

$$1 - \frac{x^2}{n(n+1)} + \frac{x^4}{n(n+1)(n+2)(n+3)} - \frac{x^6}{n(n+1)\cdots(n+5)} + \cdots \tag{32}$$

对所有 x 值都收敛, 并且提出了一个令人诧异的猜想: 由级数 (32) 定义的函数当 $0 < n \leqslant 3$ 时仅有实零点, 且有无穷多个; 而当 $n > 3$ 时, 没有实零点. 在这里, n 作为连续变动的参数.

欧拉到底是怎样想到这么一个神奇的结果的呢?

他先考察了 $n = 1, 2, 3, 4$ 时级数 (32) 的和 S 及其零点 x_0.

$n = 1$, $S = \cos x$, $x_0 = \pm\frac{\pi}{2},\ \pm\frac{3\pi}{2},\ \pm\frac{5\pi}{2},\ \cdots$;

$n = 2$, $S = \frac{\sin x}{x}$, $x_0 = \pm\pi,\ \pm 2\pi,\ \pm 3\pi,\ \cdots$;

$n = 3$, $S = \frac{2(1-\cos x)}{x^2}$, $x_0 = \pm 2\pi, \pm 4\pi, \pm 6\pi, \cdots$;

$n = 4$, $S = \frac{6(x - \sin x)}{x^3}$, 无实零点.

从中发现：前三种情况所有零点都是实的，最后一种情况没有实零点．他进一步发现 $n=3$ 时，所有零点都是二重的．欧拉:由分析得知"一个方程的两个根总是在由实根到虚根的过渡中相合．那么，我们可以弄懂为什么当 n 超过 3 时，所有零点突然变成虚的．" 由此他作出了：级数 (32) 的和函数，当 $0<n\leqslant 3$ 时仅有实零点，且有无穷多个，但当 $n>3$ 时，没有实零点的合情推理．

大家都知道，一元二次方程 $ax^2+bx+c=0$ 的判别式是 $\Delta=b^2-4ac$，当 $\Delta>0$ 时方程有相异实根，当 $\Delta=0$ 时有重根，当 $\Delta<0$ 时则为虚根．也就是欧拉所说的："方程的两个根总是在由实根到虚根的过渡中相合"．但是，有谁能像欧拉一样，将这个事实和一个无穷级数 (32) 的零点联系起来呢？欧拉的猜想是极其大胆、令人惊叹的．他从零星的几个细节去猜测整体，表现出了超人的直觉洞察力．而这种直觉洞察力是基于他已有的经验，记忆中的这个"组块"被对 $n=1,2,3,4$ 时观察到的资料所激发，从而形成了猜想．

再看一个哈密顿创立四元数的例子．

复数 $a+bi$ 可以用来表示和研究平面上的向量．两个复数相加的结果正好对应于用平行四边形法则相加的向量的和，复数为利用代数方法研究几何问题创造了条件．

英国数学家**哈密顿** (W. R. Hamilton, 1805 — 1865) 把复数 $a+bi$ 表示成有序数对 (a,b)，并定义了相应的加法和乘法，证明了这两种运算具有封闭性、交换性和结合性.他考虑会不会有一种三元数组作为复数的三维类似物,并具有实数和复数的基本性质.但是经过长期努力之后,他发现要找的新数应包含四个分量,而且必须放弃乘法的交换性.他把这种新数称为四元数.

哈密顿的四元数形如

$$a + bi + cj + dk,$$

其中 a, b, c, d 为实数,i, j, k 满足

$$i^2 = j^2 = k^2 = -1,$$
$$ij = -ji = k, jk = -kj = i, ki = -ik = j.$$

四元数是历史上第一次构造的不满足乘法交换律的数系,它本身虽无广泛的应用,但对代数学的发展来说是革命的.从此数学家们可以更加自由地构造新的数系,通过减弱、放弃或替换普通代数中的不同定律和公理,为众多代数系统的研究开辟了道路.因此有人评价说:"四元数代数的建立就是一个独立的宣言,它把代数从自然数及其自然法则的束缚中永远地解放出来了." 它为代数研究开拓了新的方向.正如法国物理学家**德布罗意**所说:**"当出现了摆脱旧式推论的牢固束缚的能力时,在原理和方法上均为合理的科学仅借助于智慧的突然飞跃之途径,就可以取得最出色的成果.人们称这些能力为想象力、直觉和敏感."**

关于四元数的发现,哈密顿后来有一个生动的描述:"明天是四元数的第 15 个生日. 1843 年 10 月

16日,当我和哈密顿太太步行去都柏林途中来到勃洛翰桥的时候,它们就来到了人世间,或者说出生了、发育成熟了. 这就是说,此时此地我感到思想的电路接通了,而从中落下的火花就是 i,j,k 之间的基本方程,恰恰就是我后来使用它们的那个样子. 我当场抽出笔记本 (它还保存着),将这些思想记录下来. 与此同时,我感到也许值得花上未来的至少 10 年或许 15 年的劳动. 但当时已完全可以说,我感到一个问题就在那一刻已经解决了,智力该缓口气了,它已经纠缠着我至少 15 年了."

4. 让左右脑协调发展

G. 波利亚指出:"正如我们说过的,**有两种推理: 论证推理和合情推理.** 在我看来它们互相之间并不矛盾,相反地,它们是互相补充的. 在严格的推理之中,首要的事情是区别证明与推测,区别正确的论证与不正确的尝试. 而在合情推理之中,首要的事情是区别一种推测与另一种推测,区别理由较多的推测与理由较少的推测. 如果你把注意力引导到这两种区别上来,那么就会对这两者有更清楚的认识."

"一个认真想把数学作为他终身事业的学生必须学习论证推理;这是他的专业也是他那门科学的特殊标志. 然而为了取得真正的成就他还必须学习合情推理;这是他的创造性工作所赖以进行的那种推理. 一般的或者对数学有业余爱好的学生也应该体验一下论证推理:虽然他不会有机会去直接应用

它,但是他应该获得一种标准,依此他能把现代生活中所碰到的各种所谓证据进行比较.然而在他的所有工作之中他必将需要合情推理.总之,一个对数学有抱负的学生,不管他将来的兴趣如何,他应该力求学习两种推理:论证推理和合情推理."

数学的思想方法从心理学的角度看,一类是演绎思维,另一类是归纳思维.前者体现了思维的条理化、系统化,是收敛性思维;后者则体现了直觉性、发散性,是一种创造性思维.前者在推理、论证中大有用处,而后者在探索、发现中不可或缺.这两种思维方式,是人的左、右脑不同功能的反映.

人的左脑主要是语言的、分析的、数理的和逻辑推理的功能,其运行犹如串行的、继时的信息处理,是因果式的思考方式.数学的符号化、公理化,严密的逻辑论证、演绎推理是左脑的用武之地.目前电子计算机的功能主要是反映了左脑的功能.

但是,左脑虽然能处理抽象领域和逻辑领域里的问题,却难以处理形象领域和非逻辑领域里的问题;能在语言文字、符号数字所及的范围大显神通,却不能处理尚未能用符号、语言表达而只能依赖直觉的问题.脑科学的研究证明,左脑的许多功能是与左脑组织的一定部位联系着的,而这些部位是相互隔开,易于划分的,这一生理结构上的特点决定了左脑思维的特点.

人的右脑的划分则不很精细,右脑的广阔区域都参加完成任何一项属于其功能范围的思维活动,其运行犹如并行的、同时的信息处理.右脑的记忆容量大约是左脑的 100 万倍. 右脑具有形象性、非逻辑性, 有很强的识别能力和"纵观全局"的本领. 右脑抗干扰, 能在各种状态甚至是在睡眠状态下不停地工作, 是直觉、想象、灵感、顿悟等创造性思维的发源地. 幼儿能够辨别亲人的声音, 能够见到年青一点的喊叔叔、阿姨, 见到年老一点的喊爷爷、奶奶, 这表明幼儿就已经具有一定的归纳能力.

美国得克萨斯大学行为学家阿格在《纵横左右脑的管理才能》中指出: "右脑最重要的贡献是创造性思维. 右脑能统观全局, 根据一些支离破碎、互不联贯的资料, 以大胆的猜测、跳跃式的前进, 达到直觉的结论. 这种直觉思维常常能超越现有的情报信息, 预知未来的发展趋势." 他还说: "我们生活在瞬息万变的、变化趋势又千头万绪的时代, 与过去的时代相比较, 右脑的创造性直觉思维, 对于我们的生存变得尤其重要". 阿格甚至认为, 在有些人身上, 这种神秘的直觉思维会变成一种先知能力. 基于这种认识, 在许多大公司的办公室里, 订阅了一二百种艺术、生活、科学方面的刊物, 鼓励大家阅读, 以活跃右脑、孕育创造性思想, 发现和捕捉一些意料之外的信息. 他们认为, 这些设想和信息可能会给公司带来巨大利益.

但在以往的学校教学工作中, 往往较多地注重演绎推理能力的培养, 而对直觉的、创造性思维能力的提高则注意不够, 使得不少学生欠缺独立地发现问题和解决问题的能力. 另一方面, 中小学生过早地文、理偏科, 直至中学生文理分科教学, 则又使不少学生过早地放松了逻辑推理能力的训练和提高,甚至视数学如猛兽,这种现象不能不说是我们教育教学的极大遗憾.

一个富有启发性的事实是,历史上很多著名的数学家大学时的专业并非数学而是人文社会科学,费马是法学,莱布尼茨是法学,欧拉是神学,拉格朗日是法学,拉普拉斯是艺术和神学,魏尔斯特拉斯(K. Weierstrass, 1815—1897)是法律和商学,黎曼是神学和哲学,罗巴切夫斯基(N. I. Lobachevsky, 1792—1856)是文学;高斯在大学一年级时对选择语言学还是数学作为自己的专业方向尚存犹豫;而前面提到的物理学家德布罗意在大学里学的则是历史学.人文社会科学的熏陶,对他们后来的创造性工作不能说没有帮助.

美国音乐家、音乐教育家齐佩尔博士,在第二次世界大战前的一场慈善音乐会上,问担任小提琴演奏的爱因斯坦:"音乐对你有什么意义?有什么重要性?"爱因斯坦回答说:"如果我在早年没有接受音乐教育的话,那么,我无论在什么事业上都将一事无成(《音乐学习与研究》1985年第3期)."爱因斯坦4岁多还不大会说话,上小学后成绩平平,该校的训导主任甚至对他父亲断言:"你的儿子将一事无成".爱因斯坦的母亲波琳爱好音乐,喜爱钢琴艺术.爱因斯坦三四岁的时候,总喜欢悄悄地躲在楼梯的暗处,聆听母亲弹奏的优美钢琴声.虽然小爱因斯坦的语言能力不太好,但是钢琴艺术在不知不觉中提高了他的思维能力.他从六岁开始学习小提琴,左手的训练，加强了右脑的活动能力，开扩了想象力；而对小提琴乐曲内涵的领悟，又增添了他童年的遐想．正是在潜移默化中他的思维能力、想象能力都得到了提高．爱因斯坦说："**想象力比知识更重要**"．"我首先是从直觉发现光学中的运动的，而音乐又是产生这种直觉的推动力量."他还认为："这个世界可以由音乐的音符来组成，也可以用数学公式来组成．"

欧拉的数学直觉和其他科学家们的成功启示我们，在我们的学习和生活中，应当注意让自己的左、右脑协调发展，同时应当注意扬己之长，补己之短，这样才能使我们变得更聪明，更能干．同时也启示我们，在我们学习数学的过程中，应当自觉地注意和加强数学直觉与数学能力的培养；在我们从事数学教育教学工作的全过程中，也应当自觉地注意和加强对学生们的数学直觉与数学能力的培养，只有这样，才能真正提高我们自身的数学水平，提高我们国家的数学水平．

主要参考文献

[1] G. 波利亚. 数学与猜想 —— 数学中的归纳和类比. 北京: 科学出版社, 2001.

[2] 刘云章, 马复. 数学直觉与发现. 合肥: 安徽教育出版社, 1991.

[3] M. 克莱因. 古今数学思想 (第二册). 朱学贤等译. 上海: 上海科学技术出版社, 2002.

[4] 李文林. 数学史概论. 第 2 版. 北京: 高等教育出版社, 2002.

[5] 周明儒. 文科高等数学基础教程. 北京: 高等教育出版社, 2005.

[6] 齐民友. 重温微积分. 北京: 高等教育出版社, 2004.

[7] 沈建军. 音乐与科学. 高雄: 财团法人中华音乐文化教育基金会, 1995.

[8] 杨庆余等. 物理学史. 北京: 中国物资出版社, 2003.

郑重声明

高等教育出版社依法对本书享有专有出版权。任何未经许可的复制、销售行为均违反《中华人民共和国著作权法》，其行为人将承担相应的民事责任和行政责任；构成犯罪的，将被依法追究刑事责任。为了维护市场秩序，保护读者的合法权益，避免读者误用盗版书造成不良后果，我社将配合行政执法部门和司法机关对违法犯罪的单位和个人进行严厉打击。社会各界人士如发现上述侵权行为，希望及时举报，我社将奖励举报有功人员。

反盗版举报电话　　（010）58581999　58582371
反盗版举报邮箱　　dd@hep.com.cn
通信地址　　北京市西城区德外大街4号　高等教育出版社法律事务部
邮政编码　　100120

读者意见反馈

为收集对教材的意见建议，进一步完善教材编写并做好服务工作，读者可将对本教材的意见建议通过如下渠道反馈至我社。

咨询电话　　400-810-0598
反馈邮箱　　hepsci@pub.hep.cn
通信地址　　北京市朝阳区惠新东街4号富盛大厦1座
　　　　　　高等教育出版社理科事业部
邮政编码　　100029